21世纪全国高等院校艺术设计专业 21 SHIJI QUANGUO GAODENG YUANXIAO YISHU SHEJI ZHUANYE

[规划教材] GUIHUA JIAOCAI

SHOUHUI XIAOGUOTU BIAOXIAN JIAOCHENG

手绘效果图表现教程

主　编　罗维安

副主编　赵　婕　白玉成　李婷婷　王顺辉　于　斌

西南交通大学出版社

·成都·

图书在版编目（CIP）数据

手绘效果图表现教程 / 罗维安主编. —成都：西南交通大学出版社，2012.8
21 世纪全国高等院校艺术设计专业规划教材
ISBN 978-7-5643-1852-9

Ⅰ．①手… Ⅱ．①罗… Ⅲ．①建筑艺术－绘画技法－高等学校－教材 Ⅳ．①TU204

中国版本图书馆 CIP 数据核字（2012）第 176383 号

21 世纪全国高等院校艺术设计专业规划教材
手绘效果图表现教程
主编　罗维安

责 任 编 辑	邹　蕊
封 面 设 计	墨创文化
出 版 发 行	西南交通大学出版社
	（成都二环路北一段 111 号）
发行部电话	028-87600564　028-87600533
邮 政 编 码	610031
网　　　址	http://press.swjtu.edu.cn
印　　　刷	四川省印刷制版中心有限公司
成 品 尺 寸	210 mm×285 mm
印　　　张	5.75
字　　　数	128 千字
版　　　次	2012 年 8 月第 1 版
印　　　次	2012 年 8 月第 1 次
书　　　号	ISBN 978-7-5643-1852-9
定　　　价	35.00 元

"21世纪全国高等院校艺术设计专业规划教材"

专家指导委员会
（以姓氏笔画为序）

王电章（湖南科技大学艺术学院设计学院）

于　斌（山东农业大学林学院景观系）

王光峰（沈阳大学美术学院工业设计系主任）

王顺辉（哈尔滨理工大学艺术学院）

王　健（长沙理工大学艺术学院副院长）

李　艺（武汉科技大学城市学院建筑系教研室主任）

李　刚（武昌理工学院艺术学院副院长）

陈天荣（武汉软件工程职业学院艺术系主任）

林学伟（哈尔滨理工大学艺术学院院长、教授）

罗维安（华中科技大学文华学院环境艺术系主任）

胡良琼（武汉广播电视大学开放教育学院院长、教授）

容　州（钦州学院美术系主任）

矫克华（青岛大学美术学院环艺设计系主任）

《手绘效果图表现教程》
编写委员会

主　编　　罗维安（华中科技大学文华学院）

副主编　　赵　婕（华中科技大学文华学院）
　　　　　白玉成（郑州铁路职业技术学院艺术系）
　　　　　李婷婷（吉首大学张家界学院美术学院）
　　　　　王顺辉（哈尔滨理工大学艺术学院）
　　　　　于　斌（山东农业大学林学院景观系）

编　委（按姓氏拼音排序）：
　　　　　蔡文明（武汉科技大学城市学院）
　　　　　樊　衍（湖南科技大学艺术学院）
　　　　　龚　卓（湖南农业大学园艺园林学院）
　　　　　蓝志军（邕江大学）
　　　　　李喜群（湖南人文科技学院）
　　　　　刘　静（武汉交通职业学院）
　　　　　唐晔芝（浙江广厦建设职业技术学院）
　　　　　赵　蔚（郑州铁路职业技术学院艺术系）
　　　　　邹联丰（郑州铁路职业技术学院艺术系）

　　《手绘效果图表现教程》是环境艺术设计、建筑设计、城市规划和风景园林设计专业的教材之一，针对这些专业的培养目标和专业特性，本教材注重实训技能、技法的练习，培养学生具有较高的技法表现能力，进而掌握各类城市设计、环境设计、建筑设计、工业产品设计的创意表现的专业技能。

　　本教材一共五章，包括手绘表现概述、手绘表现的原则、手绘表现的材质、手绘表现的配景、手绘表现的主要分类等内容，其重心是第五章《手绘表现的各种分类》，这也是本教程教学改革的主要方向之一。同时我们还利用一些设计工作室为依托，按照实用型人才的培养模式，对各类建筑室内外效果图快速表现进行培训，由具有丰富手绘表现能力的教师进行指导，大大提高了学生学习手绘表现的积极性和快题表现的"实战"能力，使学生毕业时更好地适应社会对设计人员的需求。

　　本教材在编写过程中，得到了很多知名教师的关注与指导，也获得了众多社会设计师的鼎力支持，在此表示真诚的感谢，同时还要特别感谢西南交通大学出版社的编辑为本教材的出版而做出的努力。

编　者

于武汉喻家山

2012年7月

目 录

第1章

手绘表现概述

1.1 手绘表现的渊源

图1.1 春秋战国时期的建筑画

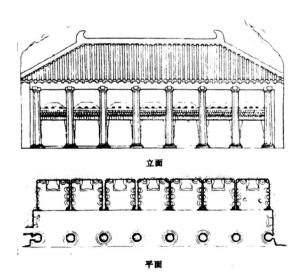

立面

平面

图1.2 麦积山石窟

大家都知道,世界是由物质和意识构成的。这句话在设计领域也一样,设计的产生是伴随着人类的形成和发展而进步的。从原始人居住在简陋的草棚到现代人住的高楼大厦,从旧石器时代到现代化时代,都体现了设计的发展是跟随着人类的进步而向前发展的。

据记载,早在春秋战国时期(如图1.1所示),就出现了建筑的形象,那时候它们只是作为人物活动背景的单体建筑的立面或剖面形象。汉代以来,壁画中所画的建筑由单体发展到群组,表现方法多为有阴阳向背的立体效果。它们不再只是以背景的形式存在,而成为画中人物活动的有体量、深度的空间。唐朝时期开始出现擅于画建筑的画家,现存的有墓室和石窟壁画,如敦煌148窟弥勒佛和大雁塔门楣石刻佛殿图。这时画中建筑的空间表现力大有提高,构造描写也较为清楚(如图1.2所示)。

今天,我们学习文化的历史,延续历史的文化是极为重要的。所以在这个大的环境中,我们的设计也必须是一个推陈出新的过程,是"物质—思维—物质"的过程。这是说在物质给人以启发后,进行一定的思维,再用物质的手段表达自己想法的过程,所以"自从有了人类,就开始有了设计"这一说法还是有一定道理的,只不过在不同时期、不同的人对设计的表达方式有所不同而已。

1.2 手绘表现的作用与意义

手绘是一种快速、便捷的表现模式，它的主要特点在于把物质的形态、色彩等内容以一定的形式界定下来，再把这些物质的前后遮挡关系和部件转折关系落实后，最终用勾线笔把形态勾画下来。其主要目的是将整个图面内复杂的透视关系进行简单化。这种方式就如同我们有了零部件，就可以组装整个机器一样，更多需要的是组装技术。所以说，我们现在探讨的快速表现方法，针对的不仅是经过多年美术训练的专业设计群体，而且包括那些热爱物质空间设计的非专业设计人士。

手绘快速表现是集直观、快速、图解、启迪、随意特点于一身，灵活地运用点、线、面等各种绘画元素徒手绘制而成，是一种技术与艺术的结合。我们可以从中发现设计师诸多的创意和构思，以及他们富有表现欲望的艺术气质。

用图示语言与人们进行交流，这就是探讨设计方案。设计方案的探讨是一个彼此讨论的过程，时间非常紧而短，此时需要快速表现就能够很好地扮演沟通者的角色。因此在我们的设计与工作中，快速的徒手表达与表现能迅速捕捉自己的意念与想法，也同样可将资料快速地临摹下来。它比电脑效果图制作更快，比工程图更为直观和便捷，因此提供了直观形象的最佳选择。而且有时巧妙的设计灵感常常会一闪而过，那么此时快速表现便非常应时，能迅速地捕捉到它，而且能在此基础上进一步发挥，演变成一个设计的完整体。在勾勒草图时，有时一个点、一条线都有可能给我们无限的遐想，所以它势必成为当今设计师必备的设计手段。

设计师在想象中想象，不是一个纯粹的艺术幻想，而是通过设计师特殊的语言表现出来，是一个虚幻的想象变成图纸的过程，所以设计师必须具备良好的绘画基础和一定的空间立体想象力。设计师只有具备了精良的表现技术，才能在设计过程中得心应手、充分地表现，这样绘制出来的空间形、色、质才会引起人们情感上的共鸣。而且这个过程非常微妙，有可能很多好的构想就会瞬息即逝，设计师必须立刻捕捉头脑的构想。另外，在设计师思考的领域里，可以采用集体思考方式来解决问题，互相启发，互相提出合理性的建议。同时，在做设计方案之前，我们有时还需要同客户进行面对面的交流沟通，这时候图形的快速表现就最为有用了。

1.3 如何学习手绘表现

1.3.1 收集大量的资料

如今，很多设计师可以利用照相机、摄像机、复印机等现代工具来记录、收集和翻拍大量的资料，但仍离不开徒手地勾画、记录、速写等最为基本、最为有效的表现手段。实地徒手写生及对资料的临摹不仅能加深对实地、现场或某些资料的第一印象和感性认识，同时也是提高我们设计工作人员对现场尺度、材料的应用效果、造型手法等进行把握的最为有效的做法之一。这既可以学习到他人的长处，又可以锻炼自己的造型能力、审美能力。

快速记录性的徒手表现不是运用素描手法去表现，也就是说不要画过多的明暗调子，而要多注重形状、结构、用材及尺度等，并结合文字，充分体现出实用、借鉴及学习的便利性。还要做到"笔不离手"，处处留心，每到一处，每见一物都要使自己的记忆能力、默写能力不断地提高，使自己的眼、手、脑不断地得到同步的训练和协调。

1.3.2 大量的练习速写

速写，它是绘画者通过对空间进行敏锐的观察和概括，将最深刻的感受在较短的时间内，用简练、精到的绘画语言记录下来的一种快速表现形式。从古到今，设计师们设计了大量有趣、生动的空间，它们缤纷多彩、风格各异，应用材料也不尽相同，值得我们去学习和借鉴。"继往开来"历来是设计师们所遵循的一条延续性的设计定律，所以我们应该不断地对身边各种现实感人的空间进行观察和记录，掌握其结构特点和层次穿插。这样不仅锻炼了

眼睛，还锻炼了手和脑，加上它们之间的协调能力和表现能力，使我们养成手脑并用的良好习惯。另外，我们还可以通过它们收集素材，积累形象语言，获得感性知识。加强对空间的写生，是为了使我们能更进一步地掌握空间的透视感、空间感和尺度感，使我们逐渐形成一种三维空间理念，而这种思维习惯对于将来的设计创作起着十分重要的作用。同时，大量的速写训练还可以提高我们的艺术修养与表达设计语言的能力。

速写是我们造型艺术中不可缺少的一项基本功训练，又是设计过程中最简洁、快速的表现手段。对于我们从事设计工作的人员来说，速写是体验自然、感受自然、搜集素材和激发个性思维的一种有效的视觉训练手段，而且这种训练方式对我们表现空间有着重要的帮助。

1.3.3 积累好资料库

很多人在进行设计创作时，挖空心思、苦思冥想，仍然感到设计的艰难，这主要是因为素材积累得太少，脑中无物，真到具体应用时，不知从何下手。所以说，在我们平常的学习和工作中，一定要手脑并用，多留心、多积累，不断地收集元素性的素材，做好资料库的准备工作。对于那些好的方案设计、好的局部造型，都应用手记录于本，并附以文字注解，对材质、色彩给予一个简单的标注和说明。这种资料的准备就像我们画素描，刚开始或许画几个单体，而单体练得多了，整体性的素描画也就不难解决了。同样的道理，这种资料库的准备，不求比例、造型多么的准确，只要把别人好的设计、好的想法理解清楚就能变成自己

的东西。只有这样，才能使得书面资料库转变为随手、随地可应用的脑中资料。资料的收集如同我们的读书笔记，只有我们用心去记录，才能学得有广度，学得有深度。而且在这一过程中，应使自己的眼、手同步训练，努力让自己形成一种眼观、手记、心悟的系统学习方法。

第2章

手绘表现的原则

2.1 透视的运用

确保画面准确、精美是手绘表现图中最重要的两点。其中，画面的准确度就是依赖设计透视来保障的，画面中添加的所有内容都要以准确的透视框架为基础。为画面构建一个符合正常视觉规律和效果的合理框架，成为每一个初学者必备的知识点。但同时，手绘毕竟是主观的事物，比不上电脑，因此在手绘表现中要活学活用，不要拘泥于形式。

在本章节的内容中，为了便于大家学习和理解透视的原理，将其进行了归纳与简化，并在此基础上提出了简便使用透视的方法和建议。

2.1.1 透视的基本原理介绍

无论是建筑透视图、室内透视图还是景观透视图，都是按照人的视觉规律和透视的基本法则进行绘制与表现的。它们把所画物体的比例、空间关系准确地反映到画面上，使人觉得真实、自然。而学习透视的基本原理，就从理解透视的基本术语开始。

2.1.1.1 透视的基本术语

假设一个人面对一块大玻璃站立，玻璃后放置一个正方体，以人的眼睛为中心投影到玻璃上，在玻璃上构成图形。下面根据图2.1介绍透视的基本术语和简写。

（1）PP（画面，Picture Plane）——垂直于地面的透明平面（假想面）。

（2）GP（基面，Grand Plane）——放置物体的地平面（反映平面图投影的面）。

（3）HL（视平线，Horizontal Line）——画面上等于视点高度的水平线，或者说通过心点所引的水平线。

（4）GL（基线，Grand Line）——基面与画面的交线。

（5）EP（视点，Eye Point）——相当于人眼睛所在的位置，即投影中心。

（6）CV（心点，Center of Vision）——过视点作画面的垂线，该垂线和视平线的交点（平行透视中，CV点是其唯一灭点）。

其中，最重要的是HL线、GL线和CV点，抓住这三条是画出透视图的关键所在。

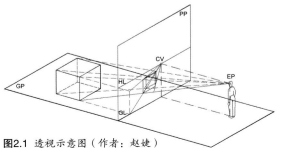

图2.1 透视示意图（作者：赵健）

5

2.1.1.2 透视的类别

按照透视规律可以把透视分为平行透视（一点透视）、成角透视（两点透视）和三点透视（如图2.2所示）。其中平行透视多用于绘制严肃、规整的室内效果图，如会议室等空间；而成角透视因其表现角度的灵活性，多用于表现活泼的室内空间、建筑单体和景观效果图；三点透视则多被应用于大型的建筑效果图表现和景观鸟瞰图表现。这里重点讲述平行透视和成角透视。

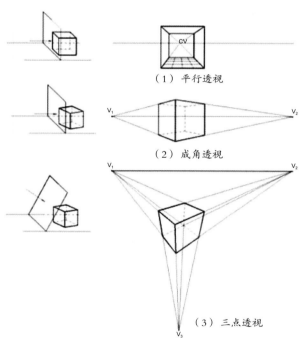

图2.2 三种透视规律示意图（作者：赵婕）

2.1.2 透视的基本规律

2.1.2.1 平行透视

以正方体为例，只要其中有一个面平行于画面，就形成了平行透视。在平行透视中只存在一个灭点就是CV点，所有与画面垂直的线都消失在CV点上，与画面平行的垂直、水平原线则不变。而与画面平行的面不会变形，但是会产生近大远小的效果。

在手绘表现图中，为了提高绘图的效率，可以找一个常规的物体作为参照，例如以人的高度为参照比例，画出其他的物体，这样画面的尺度关系则会更协调，如图2.3、2.4所示。

（1）先绘制出画面的外框，确定HL线：这里需要注意HL线的高度，如果是表现正常人的视觉范围，则以人视高度来绘制，HL线的高度在1.5米到1.7米之间；如果想重点表现地面，则将HL线抬到1.7米以上的高度，形成俯视；反之则将视平线降低，重点表现天空，形成仰视。

确定CV点：平行透视中只有唯一的一个灭点在HL线上。如果想表现均衡对称的画面效果则把CV点定在画面中心；如果想使画面显得更加生动活泼，则把CV点略微偏移中心一点，大约在三分之一的地方画面效果比较理想；如果想重点表现左边内容则把CV点略向右偏移，反之向左。

（2）在画幅中，绘制出人的大致比例关系。

（3）确定人的比例关系后，绘制出画幅的内框。

（4）根据人的比例绘制出周边建筑物的比例关系。

（5）进一步画出周边的建筑体量块。

（6）画出整体的环境内容。

（7）加强周围建筑与配景的绘制。

（8）添加更多的配景，深入细节。

（9）深化主体，将画面的纵深感加强，最后成图。

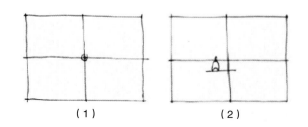

（1）　　　　　　　　　（2）

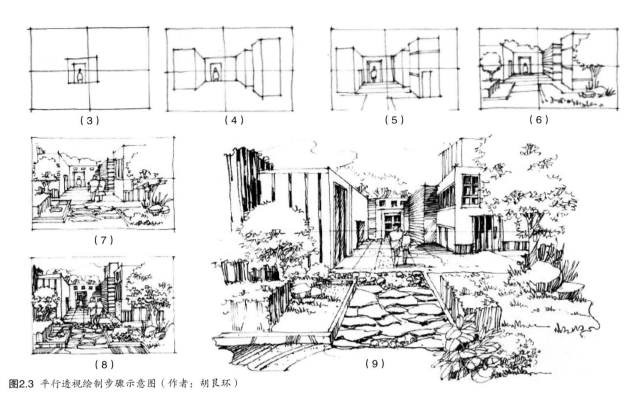

（3）　　　　　　　　（4）　　　　　　　　（5）　　　　　　　　（6）

（7）

（8）　　　　　　　　　　　　　　　（9）

图2.3 平行透视绘制步骤示意图（作者：胡艮环）

图2.4 学生平行透视手绘效果图表现（CV点略微向左偏移，着重表现右边的室内景象。作者：李蜓）

2.1.2.2 成角透视

以正方体为例，其中的两组垂直立面都不与画面平行，并与画面形成了一定的夹角，就叫成角透视。成角透视有两个消失灭点，并且两个灭点都位于同一条HL线上，相互平行的水平变线应消失于同一个灭点。

要注意两个灭点之间的距离，如果太靠近物体会产生变形。两条消失线之间的夹角一般不要小于90度，这样画面的透视看起来才舒服，如图2.5、2.6所示。

（1）先绘制出画面的外框，确定HL线与EP点（视点）的位置，一般HL线的高度在1.5米到1.7米之间，是人视高度。EP点的位置略微偏离中心点，使画面更灵巧。

（2）在画面中，先确定人的比例大小。

（3）根据EP点和HL线确定左右两个消失灭点的位置。注意它们离EP点的距离要适当。

（4）根据人的比例和两个消失灭点，来绘制建筑的基本形态。

（5）在建筑周边添加配景，如植物等。

（6）继续添加配景，如地面、天空，进一步刻画建筑形态。

（7）刻画建筑的细部及投影部分。

（8）突出主体，整体协调。

（9）最后调整，图面完成。

2.1.2.3 三点透视

三点透视，一般用于超高层建筑的俯瞰图或仰视图，它一共有三个消失灭点，如图2.7所示。

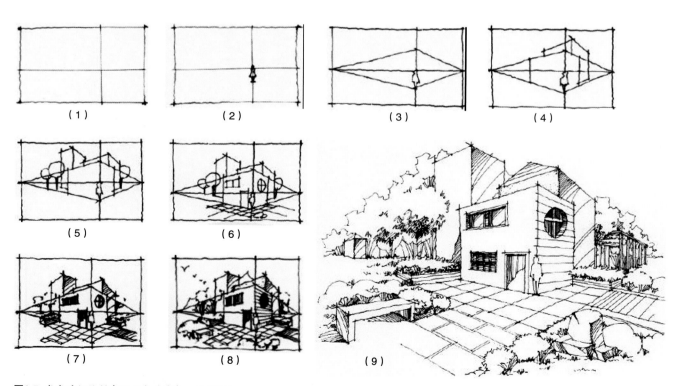

（1）　　　　　（2）　　　　　（3）　　　　　（4）

（5）　　　　　（6）

（7）　　　　　（8）

（9）

图2.5 成角透视绘制步骤示意（作者：胡艮环）

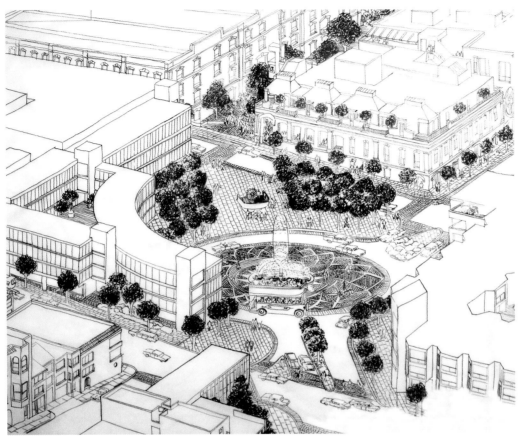

图2.6 学生绘制的成角透视图（从俯视的角度，画面工整、细部完善、透视准确。作者：傅司晨）

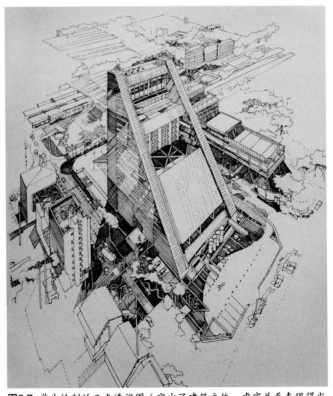

图2.7 学生绘制的三点透视图（突出了建筑主体，虚实关系表现得当。
作者：谢炜煜）

2.2 构图的形式

如果要使得画面达到完美的效果，在掌握基本的透视规律之外，还需要了解构图的原则、视点、形式等多种基本法则。

透视只是确保正常视觉效果的依据，而使得画面丰满、优美需要绘图者对画面的布局、场景气氛、空间效果、表现形式进行总体构思。构图是一个整体的概念，涵盖的内容非常多，我们可以从多方面来认识和理解构图的含义，这样才能主动灵活地调配和组织画面内容，构建理想的画面结构。

2.2.1 构图的基本原则

2.2.1.1 取 景

取景是构图的首要因素，如何使画面达到最佳的视觉效果则需要遵循以下的步骤：

首先，绘图者要对绘制的方案心中有数，理出重点要表达的物体，针对主体的表现内容和大致的范围，进行视觉角度的选择，这就要运用到透视的规律。

其次，就是对画面进行整体调整，不要求"面面俱到"，但要主次分明，要能满足大体氛围的表现。

最后，是画面密度的选择，不要满铺画面，但要保证画面的充实感，有疏有密、有张有弛才是最佳效果，适当的留白反而会增加画面的情趣，如图2.8所示。

2.2.1.2 景 深

在表现图中，景深一般分为三个层次（如图2.9所示）：

（1）近景——离观察者最近的一个画面区域，在室外手绘表现图中内容多以植物、人物为主。近景的主要作用是为画面创造细致、生动的内容，加强局部的可视性，从而增强空间的景深效果。为了美化画面效果，近景的刻画不一定是实际存在的，可由创作者自由布置和发挥。如图中浅黄色区域。

（2）中景——一般位于画面的中部区域，是画面的核心内容。这个区域要与视线出发点保持一定的距离，在这个区域中所绘制的内容要符合设计方案，要客观地表现出来。对中景

图2.8 学生作品（在这张构图作业中，将天空和左边的画面留白，重点刻画两边的植物，突出重点，画面仿佛可以"呼吸"。作者：朱亚婷）

的表现不需要像近景那样刻意地细致入微，只要把设计意图和效果明确而清晰地体现出来就可以了。如图中浅绿色区域。

（3）远景——位于画面较远的区域。其主要作用是进一步加强景深效果，与近景、中景形成对比，远景在三个景深层次中所占的比例最小。为了突出其深远性，就表现手法而言，远景的景物和笔触都十分概括。如图中浅蓝色区域。

有时候为了强调画面的景深效果，在取景时要选择一个有连贯性并且比较突出的物体，比如道路、水流、桥等，它们就像隐含的脉络。通过这条脉络来引导人们的视觉，形成景深感。（如图2.10所示）

2.2.1.3 比 例

在表现图中，比例也是主要形式之一，在画面达到均衡效果的同时也要营造一种灵动、自然的画面。首先，要注意构图的上下比重关系，这是由GL线（基线）决定的，在多数手绘效果图表现中将GL线确定在画面中心靠下的位置，比例关系大致为3：2，上3下2，这样符合人的正常视高，也可增强画面的稳定感。

然后是构图的左右比例，这与CV点的位置密切相关。在透视中，如果想重点表现右边的物体，那么CV点就偏向左侧；反之则偏向右侧。如图2.11所示，作者想重点表达图面右侧的内容，因此CV点就略偏向左侧，在图面表现中则要注意略微加大右侧的体量表现，突出对右侧墙体和家具的绘制。这种由CV点来确定左右比例关系的方法可以达到一种视觉感受的平衡，避免画面结构的倾斜或绝对均衡。

图2.9 景深示意图（作者：李卓霖）

图2.10 景深示意图（在画面的中心区域以一条贯穿画面的道路作为脉络引导整个画面。作者：李卓霖）

图2.11 比例示意图（基线位于画面中心偏下的位置，符合人的正常视线高度；CV点位于画面左边，重点突出换面右边的内容。作者：张静）

2.2.1.4 主线构图

在画面中，还有一种特殊的构图形式，被称为"主线构图"，它是画面中的"线索"，将整个画面通过几条不同的"线"串联在一起。

所谓"主线"是指支撑画面结构的几条基础线段。在构图的初始阶段，在画幅上绘制几条主线来确定画面的结构框架，随后在这个框架的基础上逐步添加具体内容，与此同时进行景深、比例的构思与调整。（如图2.12所示）

绘画时要对方案了然于心，根据主体内容，确立主线。

一般在平面图中，建筑、道路、水流等内容都有可能成为归纳后的画面主线，我们根据设计方案将这些内容进行主次分类，然后绘制在图幅中。主线表达的另一个内容就是透视，通过主线来表达透视的动向。因此，在归纳主体之前，应该明确此方案适合运用哪种透视。然后，落实主线，并进行组织和调整。

这是一个实质性的步骤，根据透视规律将主线在平面图中的相互关系转变到透视中。然后根据实际的主线进行调整，确保它们以充实而饱满的姿态占据整个画面。调整的手段当然可以根据前面所讲的取景、景深、比例等因素来决定，不要拘泥于透视，应灵活地理解和应用。在不影响大的透视原则下，进行适当的偏移是完全允许的，甚至是必需的；但尽量不要改变太多，以免顾此失彼。

主线构图是对表现的引导，注重的是感觉及画面的节奏感。

绘图者在图幅上落笔的时候，应该把上述的知识点都融会贯通到画面中，从构图主线的归纳、表达到调整，其实都离不开绘图者自身的形象思维能力素养。用最简单的线条勾勒出大的场景效果，这是对主线构图应用的最佳状态，要达到这种状态无疑需要一段时期的适应和积累。

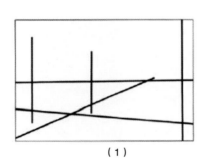

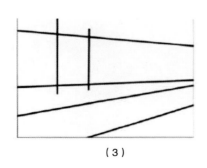

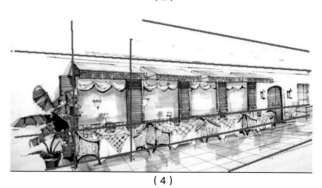

图2.12 比例示意图（在空白的画幅中，绘图者先构思几条主要的结构线，再依据此结构线丰富画面。作者：史娟）

2.2.2 构图的形式法则

在形式法则这一点上，关键的就是视点和角度的选择。合理的视点（EP点）是画面最精华的部分，是创造良好视觉效果、丰富空间层次的关键。确定了视点也就确定了构图，在具体方案设计过程中，可以注意两点：首先，在表现比较大的空间时，要抓住画面的主体内容，并把它放在画面的中心部分；然后，对于较小的空间则要有意识地夸张，增强空间的存在感，使实际空间相对夸大，并且要把周围的场景尽量绘制得全面。

在构图的形式上，主要可以归纳为三种常见的模式：

（1）向心构图——特征是有明确的主体内容，占据画面的核心位置，周围的其他景物都是围绕主体出现，形成一种向心性和簇拥的效果，画面整体效果明显。达到这种构图效果，需要对表现内容的景深、比例和视点的选择这些方面进行调整。（如图2.13所示）

（2）分散构图——也被称为"透视构图"，这种构图没有稳固的模式，没有一个具象的核心主体，强调的只是场景气氛的热闹表现。分散构图的主要特征是透视景深效果比较明显，强调景深的体现，层次分明、画面丰富。

虽然在画面中，表现内容很分散，但画面效果十分的灵动。其中准确的透视效果发挥了主导作用，

图2.13　向心构图示意图（在画面中，主体是中间的雕塑，周边的植物都是围绕其布置的，向心效果明显。作者：纪小菲）

图2.14　分散构图示意图（在画面中，强调了地面分隔线和墙体装饰柜的走向，形成统一的景深感，使画面"灵"而不乱。作者：史娟）

如在室内表现中，可以突出地面铺装、天花和建筑的分割线，这些线条能够直接体现透视景深，为画面创造了一种稳定、规则的视觉秩序，使之显得分散却不凌乱。分散构图所使用的基本透视形式是采用一点变两点成角透视的效果，这在室内和室外环境表现中都十分常见。（如图2.14所示）

（3）平行构图——也被称为"一字构图"，这种构图形式是以主体内容的横向贯通效果为主要特征，画面基本上呈横向关系，景深感不强，所以画面的整体透视效果也不是很明显。这种平行构图的整体感觉有些近似于立面图表现。此外，平行构图对画面比重的要求单纯化、概念化，不需要明显的节奏效果，在画面效果上比较单一，这种构图形式适用于建筑设计中一些完整连贯或需要体现连锁效果的内容表现，如建筑街景效果。（如图2.15所示）

图2.15 平行构图示意图（画面中体现的是建筑街景效果图，画面单纯、直接，具有很强的连贯性。作者：史娟）

2.3 技法的运用

2.3.1 彩 铅

彩铅分为普通彩铅和水溶性彩铅两种。相较于其他的表现技法而言，彩铅的缺点是不容易形成强烈的对比效果，但优点是使用时其对整体色调的细微变化和层次的把握较容易，所以如果掌握得当则别有一番韵味。因用笔的手法要求，对它的掌握主要依靠绘制者本身的素描功底。

用彩铅的绘制方法比较单一，就是平涂和排线，现在我们概述一下彩铅的绘图技巧。

2.3.1.1 力 度

彩铅不像马克笔具有明确的色彩区分和明度对比效果，掌握不当容易使画面平淡沉闷，但这是可以靠绘制技巧来弥补的，关键在于用笔的力度。彩铅的着纸性相较于普通铅笔而言较弱，为了充分体现彩铅的色彩，要拉开它们的明度差别，下笔时就必须适当地加大用笔力

度，用不同的力度来拉开它们之间的明度层次关系，这样才能展现彩铅应有的特色。因此，用彩铅作画时要选有一定厚度的纸，因为后期可以用砂纸和小刀刮出细小亮部，改变彩铅的沉闷感。（如图2.16所示）

图2.16 不同的用笔力度体现同一色彩的不同明度关系

2.3.1.2 色　彩

丰富的色彩是彩铅的一大特色，因此在使用彩铅时除了增加用笔力度之外，还要靠其色彩的丰富性来弥补画面效果。彩铅在手绘表现图中很少用单色进行涂染，可适当地在大面积的单色里融入其他色彩，加入的颜色可以与主色彩相类似，体现一种和谐感；也可以与主要颜色产生对比关系，进行一定的补充。比如，绘制绿色的树冠时，除了深绿、墨绿、浅绿、草绿这样的基本用色时，还可适当地增加一些黄色或橙色。这就是一种用冷暖色彩关系相互衬托的表现方法，其形式感比较强，能丰富画面的色彩层次，还能体现轻松、浪漫的氛围。所以在练习时，可以大胆多尝试一些色彩的搭配，以增强画面的效果。另外，在着色时要按照先浅后深的顺序来，不可胡乱上色，不然容易深色上翻，缺乏深度。（如图2.17所示）

图2.17 同色系、不同色系的色彩搭配，达到色彩丰富的效果。

2.3.1.3 笔　触

笔触是体现彩铅独特韵味的要素，很能突出形式美感，在使用时要注重一定的规律性，使笔触向统一的方向倾斜，是一种效果非常突出的手法，不仅简便易学，也利于体现良好的画面效果。特别是针对大面积的画面时，统一方向的笔触运用较多，显得整体和谐。排线时应该认真地去排不同密度的线条以形成色调稳定而耐看的效果，使得画面呈现一种肌理效果。不同的材质使用不同的笔触，可以表达不同的肌理效果。（如图2.18所示）

2.3.1.4 线　描

彩铅表现出来的画面效果大都清新浪漫，富有情趣。在进行彩铅上色之前，钢笔稿要尽量处理得细致完整，以便将基础打好，这对于画面的最终完成效果具有很大的作用。

图2.18 笔触统一的效果

15

2.3.2 马克笔

马克笔具有方便性、速度快、生动性三大特点，因此在快速设计表现中运用非常频繁，受到很多设计师的喜爱，成为使用频率最高的手绘工具，本章也会重点介绍马克笔的运用。

2.3.2.1 笔的选用

马克笔分为水性和油性两种，市面上一般用得比较多的是韩国的TOUCH、美国三幅、AD等。一般在进行绘图时多用油性马克笔，因为水性马克笔颜色稍显灰暗，并且色彩不可重复叠加，若叠加使用的话会使色彩失去原有的亮度，画面显脏。而油性马克笔色彩鲜亮透明，色彩也可重复叠加。在购买马克笔时控制在36～45支即可，其中高纯度的马克笔用得较少，建议少买，因为可以用彩铅来取代。水性马克笔和油性马克笔笔头的形状也影响着画面的质量。（如图2.19所示）

马克笔上色前的钢笔稿不需要像彩铅一样精雕细琢，但是大体的透视关系一定要绘制得当，线条需要舒展流畅，不必拘于细节。在用马克笔上完色后，可用绘图笔适当地勾勒形体，强调形体的轮廓，使得画面更具有雕琢性。

2.3.2.2 笔触用法

笔触的用法可以从四个方面来说：

第一，笔触要成块面状，这样的笔触整体感更强，更具有视觉冲击力。在保证整体的前提下，在局部找变化，使画面更加生动灵活。（如图2.20所示）

第二，用不同方向的笔触来表现物体的结构关系，如利用笔触的穿插组合关系来表现物体的转折面；同时，在落笔时注意宽窄面相结合，可营造一种轻松活泼的画面氛围。（如图2.21所示）

第三，折笔的运用。折笔是马克笔表现中较常见的笔触，在同一个面的表现中运用较多。使用时注意笔触从密到疏，从粗到细的变化。（如图2.22所示）

第四，综合技法的运用。彩铅结合马克笔的用法，

图2.19 不同性质的马克笔的笔头形式

图2.20 笔触的块面表现

图2.21 不同的笔触穿插反映不同的结构关系

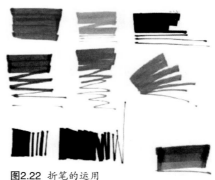

图2.22 折笔的运用

需要注意技法的顺序，即在彩铅的基础上加上浅色的马克笔。这样可以使彩铅的色彩更好地融入到马克笔中，色彩更加清新透明。（如图2.23所示）

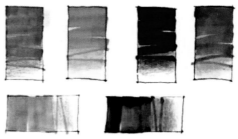

图2.23　两种技法的结合，细腻与大气的结合。

2.3.2.3　绘制技巧

第一，由浅入深，前实后虚。

在用马克笔上色的初始阶段应遵循由浅入深的规律，循序渐进。可先用中性色彩作为底色的铺垫，而后逐渐添加其他的色彩；最后使用较重的颜色进行细节处理，拉开明度对比关系，使画面色彩层次感更丰富。笔触上应注意前实后虚，近强后弱的规律。对于前景的笔触应该强烈夸张；中景的笔触则趋于细腻柔和；远景则以平涂为主，减少对比效果。

第二，简洁明快，形体清晰。

充分运用马克笔概括、快速、简练的特色，尽量用最少的笔触概括最多的内容。马克笔自身不能清晰地限定形体，因此，用钢笔稿简洁、明快地确定轮廓是至关重要的。另外为了表现物体的存在感，要注意投影的刻画，投影越细致，画面效果越好。（如图2.24所示）

第三，忌长取短，光影渐变。

使用马克笔时，忌长取短，笔触越短越有力度，在遇到狭长的大块面时需要往短的一面运笔，特别是画到墙面和物体的立面时要注意上下笔触的光影过度，根据光源来确定运笔的状态。如图2.25所示的沙发，受光面是上浅下深过渡，背光面是上深下浅的过渡。

第四，光滑材质，竖直用笔。

在表现光滑的材质时，一般都是竖直用笔，如玻璃茶几、金属质感的物体等。用宽窄不一的竖直笔触来表现光滑的材质，下笔时一定要干脆利落。（如图2.26所示）

第五，适当留白，点到为止。

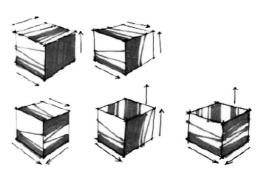

图2.24　笔触变化示意图（面与面之间的关系可以用不同的笔触来表现，当两个面的笔触是垂直关系时效果更佳）

图2.25　笔触变化示意图（根据光源确定运笔状态，短而有力的笔触可以更好地反映物体的竖定感）

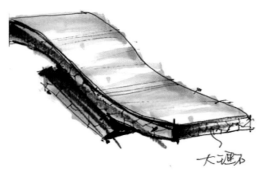

图2.26　大理石的雕塑作品光滑细腻（作者：纪小菲）

17

图2.27 画面中适当的留白突出了作为植物的主体（作者：李卓霖）

2.3.2.4 绘制步骤

（1）步骤一：用钢笔快速勾画出空间透视图，力求透视准确、比例适当，钢笔稿用线简洁、干脆、有力度，注意虚实关系，用笔注意线、面结合（如图2.28.1）。

图2.28.1 室内马克笔作图步骤一（作者：李卓霖）

（2）步骤二：根据物体的材质，把握画面整体色调，突出主体物的色调（如图2.28.2）。

图2.28.2 室内马克笔作图步骤二（作者：李卓霖）

（3）步骤三：逐渐拉开明暗对比关系，适当进行细部刻画，使画面色彩感更丰富；注意明暗对比（如图2.28.3）。

图2.28.3 室内马克笔作图步骤三（作者：李卓霖）

（4）步骤四：深入刻画细部，对陈设物品和灯光进行表现，以体现整个画面氛围（如图2.28.4）。

图2.28.4 室内马克笔作图步骤四（作者：李卓霖）

（5）步骤五：最后成图（如图2.28.5）。

图2.28.5 室内马克笔作图终稿（作者：李卓霖）

对于室内、外马克笔作图的绘制步骤大致如此，参见图2.29～图2.33。

（1）　　　　　　　　　　　　　　　　　　　　（2）

图2.29 室外马克笔作图（作者：李卓霖）

图2.30 室内马克笔效果图（作者：杨博）

图2.31 室内马克笔、彩铅综合技法效果图（作者：杨博）

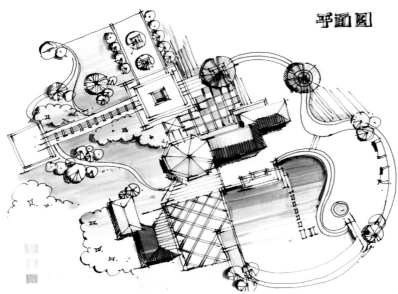

图2.32 室外马克笔、彩铅平面效果图（清新淡雅的效果。作者：杨博）

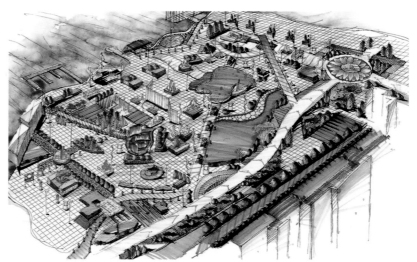

图2.33 室外马克笔、水彩综合技法鸟瞰图（色彩丰富却不凌乱，水的柔性用水彩表现，铺地的硬性则用马克笔表现，充分利用了不同工具的特性，效果显著。作者：纪小菲）

2.3.3 水 彩

水彩画的历史较长，是带有传统性质的高层次手绘表现形式，国外的建筑和室外环境表现图中多用此种技法。而在国内因为觉得其节奏过于舒缓，不适合快节奏的生活，因此不如马克笔运用范围广。

水彩是较为透明的水溶性材料，讲究"水"和"彩"二字：对水分来说，讲究干湿流；对色彩来说，讲究透明、干净、用笔利落。色彩关系要遵循自然的色彩规律，即在阳光照射下，物体色、环境色产生色相、明度、纯度的变化规律。

2.3.3.1 绘制技巧

（1）用笔技巧。水彩画在用笔上有极其丰富的变化，如点、勾、涂、揉、洗等运笔技巧，其中"点笔"的笔触方法在水彩效果图中比较特殊。"点笔"是指用笔的侧峰着纸而形成的画面效果，类似点状的笔触，点的时候笔触要轻、放松、富有弹性。需要注意的是每个点状的笔触面积都应尽量扩大，而且点状要成片出现相互融合在一起，不要彼此孤立，形成一种若隐若现的感觉，在大面积中留出偶尔的空隙也是一种特色效果。

（2）颜色调和。在颜色运用上，可以利用笔上的水分进行颜色的调和。具体技法可以在一块底色涂好、水分没有干的时候加入其他的颜色，颜色之间会根据水分的多少而进行相应的扩散，呈现一种含蓄自然的融合效果。

（3）水迹。水彩特有的水迹效果能够体现清晰的边缘痕迹，比较适合概括性地描绘外形轮廓，画面效果自然随意。具体运用的方法是将水分充足的颜色根据所绘物体的形体淤积在纸面上，待其自然风干后就会出现这样的效果，颜色水分越多则水迹效果就越明显。但这种技法等待时间较长，可能会影响下一步的作画，需根据画面的性质来决定。

（4）留白。留白是水彩表现图中非常重要的一种技法效果，与马克笔的留白方式不一样。水彩所留的是形体的空白，比如像窗框、栏杆、高光处等，都是要在着色之前做到心中有数，把大致的形状预先留出来，绝不是上完色后用白粉勾画点出，这与水粉、马克笔是不同的。而对于一些本身颜色比较淡的形体，如墙体、天花等都可以归纳为白色（如果没有做特殊的设计效果），用留白的方式处理。

2.3.3.2　绘制步骤

（1）首先铺大体的色调，如在墙面、顶棚及地面确定总体大色

调，从而为画面建立起整体的色调和色彩、明度关系，这个层面的水分宜多不宜少、宜大不宜小，所以整体效果是比较清淡的。另外，对于远处的物体及背景，笔触要弱，如远处的天空、远景及各种背景等，要虚实有序。

（2）加强色彩层次的表现，注重明暗块面结构。在塑造大块面积时，着色的部分主要集中在形体的暗部，此时水分可以略少一点。在具体表现时，应注意光源，确保在表现投影及明暗关系时不会出错，否则将降低或消失立体感。

（3）再进行深化，也就是局部的点缀。这样做的主要目的是拉开明度对比关系，达到良好的景深效果。这才是"点睛"处理，讲求的是恰到好处——不仅要体现一定的色彩层次效果，还要做到适可而止——这是水彩快速表现的主要特征和难点。

（4）然后，就是在细部刻画上的处理。一般靠前的物体需细致刻画，后面的物体应简单概括；靠前的物体色彩纯度高，靠后的则纯度低；主要的或是靠前的物体材料肌理效果应较为突出明显，这样才能拉开画面的层次感。

（5）最后用勾线笔调整细节及所有直线，使画面效果更真实。

学生手绘水彩表现效果图如图2.34所示。

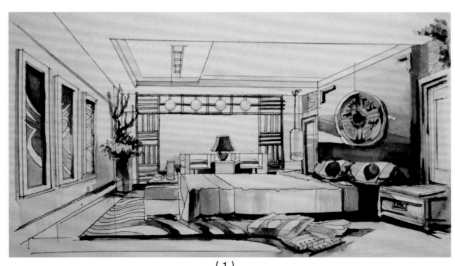

（1）

（2）

（3）

（4）

图2.34 室内水彩效果图（干净纯粹，具有较强的写实性，在水彩的表现时，良好的透视效果
绘制是必备的条件。作者：史娟）

第3章

手绘表现的材质

　　材质在室内效果表现图中体现得尤为突出，不同的质感有不同的表现方式，达到的效果也不同。材料的质感与肌理虽然是一种触觉感受，但是在表现图中却可以通过色彩与线条的虚实关系来体现，例如玻璃的通透性与反光的特点，金属材料强烈的反光与对比，凹凸不平的混凝土等都是材料的固有视觉语言。对材料质感的肌理特征的表达，关键在于抓住其固有色，然后刻画其纹理特征以及环境反光等。

　　下面就通过文字和图片展示各类不同的材质技法给大家。

3.1 玻璃材质的表现

　　玻璃与镜面都属于同一基本材质，只是镜面是加了一层水银涂层后呈现出来的效果，而玻璃是透明的。而这种表面特征的透明与不透明的差别，直接反映在手绘效果图的表现手法上。

　　室内效果图中的玻璃与镜面的表现用笔实际上比较接近，主要差别在于对光与影的描绘上。以图3.1为例，室内空间的左面为玻璃隔断，可直接将玻璃隔断外边的家具及物体直接画好，然后在无形的玻璃墙面上依直尺画出几道浅蓝色的笔触，破掉部分室外景象，以示玻璃的存在。

图3.1 玻璃隔断表现效果图（作者：杨博）

以图3.2为例，镜面与玻璃墙上的光影线应随空间形体的转折而变换倾斜方向和角度，并要有宽窄、长短，以及虚实的节奏变化，同时也要注意保持所反映景物的相对完整性。弧形的玻璃幕墙的笔触则应成弧形，简明扼要地概括出玻璃内的景物和人物。

（1）

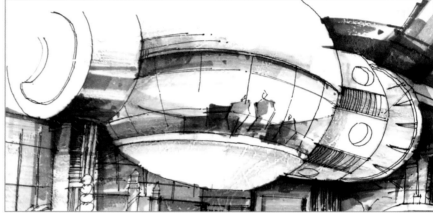
（2）

图3.2 玻璃墙的表现效果

下图是几种不同的玻璃材质的表现（如图3.3、图3.4所示）。

（1）镜面的表现效果

（2）玻璃的表现效果

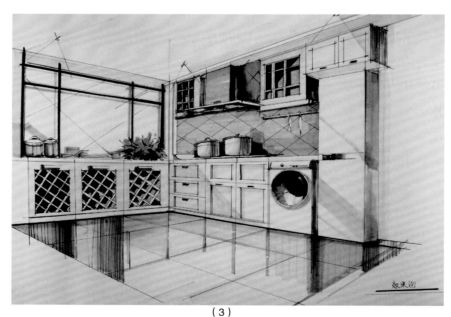
（3）

图3.3 玻璃、镜面的表现效果图（窗户干净、透明，所以只勾勒出窗框的阴影部分，立体感即刻显现出来；地面的石材铺装以垂直的竖条纹表现其光滑的质感。作者：陆丽娟）

图3.4　玻璃材质的水彩表现（没有过多的笔触、细腻的笔法，直接画出玻璃外可看到的景象。作者：史娟）

3.2　金属材质的表现

金属材质包括不锈钢、铜板、铝板等，金属材质的表现要掌握以下几个要点（如图3.5所示）：

（1）金属的感光性比较强，会反映周围其他物体的色彩。表面越光滑，对于周围物体的反射效果则越清晰；如果表面越粗糙，反射的影像和色彩就越模糊。在手绘表现时要抓住这样的特征。

（2）在进行绘制时，金属的形状决定了反射物体的形状。金属表面平坦就会像镜面一样直接反射物体的本来面目，如果金属的表面稍微有所弯曲，反射所成的像也会相应有所扭曲。柱面及管状物体的表面，反射则会拉长，并将反射的物体也拉成长条；弧形的表面会弯曲所成的像；而一个真正的球体，会强烈地扭曲所成的像，在视野中间区域对比极其鲜明。

（3）金属物体受各种光源影响，受光面明暗的强弱反差极大，并具有闪烁变幻的动感，刻画时用笔不可太死，这时采用退晕笔触和枯笔快擦会有一定的效果。物体背光面的反光也极为明显，所以要特别注意物体的转折处，及明暗交界线和高光的夸张处理。

（4）使用马克笔绘制基色。不锈钢金属的颜色变化范围较大，从很深到非常浅的颜色都有可能，这都依赖于金属表面反射光线的方式。按照绘制图纸时所选择马克笔颜色深浅的不同，可以绘制各种颜色的不锈钢表面。

（5）金属材质大多坚实光挺，为了表现其硬度，最好借助靠尺快捷地拉出笔直的笔触，如使用喷笔，也可利用垫高靠尺稳定握笔手势。对曲面、球面形状的用笔也要求果断、流畅。

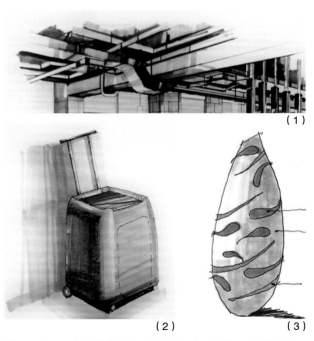

（1）

（2）　　　　　　　（3）

图3.5　各不同金属材质的表现（平面和弧形面的不同用笔手法示意。作者：纪小菲）

3.3 木质材质的表现

木质材料一般包括原木和仿木质的材料，其特性在于有亲和力、易于加工，所以在室内和室外都比较普及。通常在室外的运用中，表面会涂上油漆或者做防水、防腐或染色处理，颜色会有各种不同的色彩与种类。在室内的运用中，木材可与油漆结合产生不同深浅、不同光泽的色彩效果，但是通常都会保留木材的基本纹理，所以大致的表现手法大同小异（如图3.6～3.8所示）。

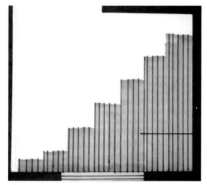

（1）木板墙的表现示意图

（2）偏黄褐色的木制家具

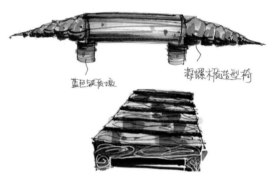

（3）木纹纹理的刻画

图3.6 各种不同木制单体的表现形式（重点突出木纹的肌理效果。作者：李卓霖、纪小菲）

图3.7 室外木质平台的表现形式（由远及近，由深至浅。作者：纪小菲）

（1）

（2）

图3.8 室内木制的表现效果图（运用明暗关系来塑造家具的立体感。作者：史娟）

3.3.1 木纹纹理的刻画

（1）树结状。以一个树结开头，沿树结作螺旋放射状线条，线条从头至尾不间断。

（2）平板状。线条弯曲折变而流畅，排列疏密变化节奏感强，在适当的地方作抖线描写。

3.3.2 木材的颜色渲染

因染色、油漆可发生异变，木材根据多数情况的归纳大致分成偏黑褐色（核桃木、紫檀木）、偏枣红（红木、柚木）、偏黄褐（樟木、柚木）、偏乳白（橡木，银杏木）等颜色，在表现时依据这几种颜色来调和色调。

3.3.3 木企口板墙的表现

3.3.3.1 木企口板墙的表现步骤

（1）轮廓线靠直尺画出，画木板底色也可利用直尺留出部分高光。

（2）用马克笔调棕色画出木纹，并对部分木板颜色加重，打破单调感。

（3）画出各板线下边的深影，以加强立体感，再用直尺拉出由实渐虚的光影线，把横向的板条连贯起来增强整体性。

3.3.3.2 原木板墙的表现

（1）徒手勾画轮廓线，使之略有起伏，上底色时注意半曲面体的受、背光的明暗深浅。

（2）点缀树结，加重明暗交界线和木条下的阴影线，并衬出反光。

（3）强调木头前端的弧形木纹，随原木曲面起伏拉出光影线。这种原木板墙多具原始情趣，刻画时用笔宜粗犷、大方、潇洒。

3.4 石质材质的表现

石质材质是室内和室外中比较常见的材质，常用于地面、墙面。从表现肌理来说，可以将其分为毛面与抛光面两大类：毛面的石材形状大小不一，人工色彩痕迹比较重；而经过抛光加工后的石材则表面平整光滑、反光明显，类似于金属材质的表现。

3.4.1 光滑石材的表现

光滑石材（如图3.9所示）的基本表现方法如下：

（1）光滑石材的特点在于反光比较强烈，有明显的镜面效果，所以受环境色彩的影响会比较大。在画之前要考虑好反光与投影，一般会先用灰色铺设整体的明暗关系，形成一个统一的色调。

（2）添加垂直投影与环境色彩，增强光滑石材的质感，统一整个画面的色调。这类画法与金属材质的画法类似。

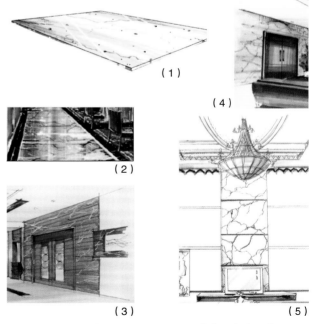

（1）

（4）

（2）

（3）

（5）

图3.9 用水彩、马克笔、水粉的不同技法来表现光滑石材的肌理效果

3.4.2 砖石的基本表现方法

（1）红砖墙。画时铺的底色不可太匀，要保留斜射的光影笔触，可用鸭嘴笔按顺序排列。画出砖缝的深色阴影线，然后在缝线下方和侧方画受光亮线，最后可在砖面上散点一些凹点，表示泥土制品的粗糙感。（如图3.10所示）

图3.10 红砖墙的肌理效果

（2）卵石墙。以黑灰色为主，再配以其他色彩的灰色，强调卵石砌入墙体后椭圆形的立体感。高光、反光及阴影的刻画必不可少，光影线应随卵石凸出而起伏。

（3）条石墙。外形较为方整，略显残缺，石质粗糙而带有凿痕，色彩分青灰、红灰、黄灰等色，石缝不必太整齐，可用狼毫描笔颤抖勾画。

（4）砌石片墙。以自然石片堆砌，砌灰不露，石片之间缝隙要画得尤为明显，石片宽窄不等，端头参差尖锐。根据以上特点，上色时用笔应粗犷、不规则，以显出自然情趣。

（5）五彩石片墙。比自然石片稍为规则，大多经加工后砌筑，形状、大小、长短、横竖组合要错落有致。上色时，注意色彩有所变化。石片之间分凸、凹勾缝两类，凸缝影子在缝灰之下，凹缝影子在缝灰之上。另外，利用花岗石（大理石）的边角废料贴石片墙的表现方法与五彩石片墙基本相似。

（6）釉面砖墙。这是一种机械化生产的装饰材料，尺寸、色彩均比较规范，表现时须注意整体色彩的单纯。墙面可用整齐的笔触画出

光影效果，用鸭嘴笔表现凹缝会较为得当。近景刻画可拉出高光亮线。

3.4.3 毛石的基本表现方法

画之前确定毛石的基本色调，然后确定明暗关系。注意在细节上找出不同的色彩表现，对起伏比较大的形体加以强调，以突出毛石的视觉特性（如图3.11所示）。

图3.11 毛石墙的效果表现

3.5 织物材质的表现

织物在室内的效果图表现中运用得比较多，如地毯、窗帘、靠枕、床单、桌布等各种布艺品。本部分着重讲解地毯、窗帘的表现技法。

3.5.1 地 毯

地毯质地较松软，有一定厚度感，而地毯上的花纹和边缘的绒毛可用短促、颤抖的点笔笔触表现。地毯分满铺与局部铺设两种。满铺是指地毯作为整体衬托着所有的家具、陈设，其是画面的重要背景。满铺的刻画重点是顶光照射的亮部与家具下面落影的对比。而局部铺设是指在局部进行小范围的铺设，如在沙发中间、茶几下和过道上铺的地毯。两种铺设表现的重点是各类地毯的质地和图案，图案的刻画不必太细，但图形

的透视变化一定要求准确，否则会由此而影响整幅画面的空间与稳定。（如图3.12所示）

（1）

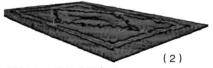

（2）

图3.12 地毯的效果表现

3.5.2 窗帘

窗帘是室内布局中必不可少的部分，形式也多种多样，它的出现可以调节室内的气氛，对于居室的格调、情趣起着关键的作用。窗帘的画法如下：

（1）荷叶边式帘。因其边缘褶皱如荷叶状而得名，上边横条表现的要点是布料收褶的起伏形状，帘幕斜垂及腰束处要交代清楚。水彩表现按退晕效果留出高光，再逐步加深暗部，最后画阴影衬出反光，加重下部颜色以表现光照强弱的变化。

（2）帘幔式帘。这种布幔是将布的两端头缩紧，形成一连串的中间下垂半圆形状。作画的步骤是先用浅色铺出上浅下深的基调，随后用中明度颜色画半圆形状的不受光面，再用较深的颜色画明暗转折和影子，随即显现反光。最后调整上下明暗变化，对布幔上部突出的半圆形受光面用白色提出高光，增强顶光照射的感觉。（如图3.13所示）

（3）悬挂式帘。这是一种灵活性强、制作简便的布帘装饰。横杆中间结束，两头上搭并使尖角下垂，轻松自然，着色程序类似水彩，先浅后深，整体刻画一气呵成。（如图3.14所示）

图3.13 帘幔式帘的效果表现（用彩铅通过不同方向地排线来体现不同部位的窗帘，明暗关系的刻画使窗帘蓬松起来。作者：李卓霖）

图3.14 悬挂式帘的效果表现（线条呈竖向，用笔成块状。作者：朱亚婷）

（4）用马克笔表现下垂式布帘。其画法是：先用马克笔或钢笔勾画形象，用浅色画半受光面和暗面，留出高光，再用深色画凹槽的影子和重点的明暗交界线。用笔须果断，不要拘泥于细微之处。（如图3.15所示）

（5）白色纱帘。白色纱帘在居室中显得华贵高雅，它不影响光的进入，可给室外景物增添一层朦胧的诗意。其画法是:在按实景完成的画面上先画几笔竖向的深灰色（纱帘的暗影），然后不均匀地、间隔性地用白色拉竖条笔触，颜料可干一点，出现一些枯笔味的飞白，对后景似遮非遮。最后对有花饰的地方和首尾之处加以刻画，体现白纱的形体。（如图3.16所示）

其他织物的效果表现如图3.17所示。

图3.15 下垂式布帘的效果表现（水彩的技法适合轻盈窗帘的材质特点。作者：朱亚婷）

图3.16 白纱的效果表现图（没有多余的线条，表现出白纱慢的轻薄。作者：史娟）

（1）

（2）

图3.17 其他织物的效果表现（作者：史娟）

3.6 皮革材质的表现

皮革同样在室内表现中比较多，大多是运用在沙发、座椅上、椅垫、靠背上，特性是面质紧密、柔软、有光泽，表现时根据不同的造型、松紧程度运用笔触。下面展示几种不同式样、不同技法的效果表现图，如图3.18所示。

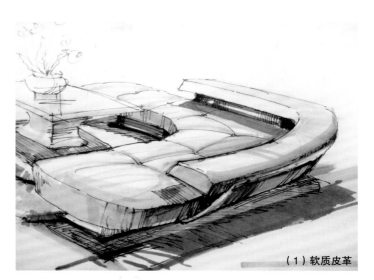

（1）软质皮革

（2）硬质皮革

（3）硬质皮革

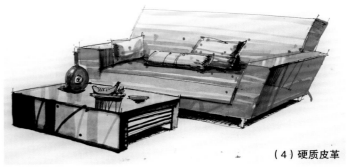

（4）硬质皮革

图3.18 各种皮革的效果表现图（作者：李卓霖）

第4章

手绘表现的配景

手绘表现图中配景可获得"最佳配角奖"，它的"角色"之多使得它成为画面的重要组成部分，特别是在室外手绘表现效果图中，其种类尤其丰富。但只要在绘制时遵循一定的模式，就可以将这些形态各异的配景完美地展现在画面中，本章我们就来学习下它们具体的表现方法。

4.1 植物配景的表现

植物在配景中占据着主导地位，不论是在室内环境表现还是在室外环境表现中都离不开植物的身影，其中尤以室外环境表现为主。在手绘表现图中，对于植物的绘制不应向素描写生一样求实，而是需要具有高度概括的能力，这就考验同学们对植物形态的掌控能力。

在大自然中，植物的种类较多，在室外环境设计表现图中一般分为乔木、灌木、花卉、草坪四大类；而在室内表现效果中则多以单体，如盆栽植物为主。

4.1.1 乔 木

乔木是体型较高大的植物，有明显的主干，树干和树冠有明显区别。乔木在手绘表现图中十分常见，其树冠一般较大，枝丫也比较

多，所以在绘制乔木的时候，主要抓住树的形态特征，进行模式化的绘制，而对于乔木纷繁的种类有时则可以忽略不计，这就是所谓的"重神不重形"。

因此，我们可以根据乔木的几大块构造和比例总结出一种相对"标准化"的画法，并应用于手绘表现中。（如图4.1所示）

图4.1 乔木组成示意图（一颗普通形态的乔木由树冠、树杈和树干三部分组成）

在手绘表现图中，树冠的画法占据了树木形态的主导地位，因此我们要简化树的形态实际上就是简化树冠的形态。一般来说，这种普通形式的树冠大致可以归纳为规则和不规则两大类。

规则的树冠形状明确，多用三角形、梯形、圆形等简单的几何形体表现，追求树冠大体轮廓的形似。而不规则的树冠形状则更多样化，它可以是多个形体组合而成形成一个整体。整体轮廓的表现更具有可变性，其自然曲折，追求的是一种不规则的动感节奏。这两种的树冠形态都是以普通形态为基础，形体特征具有高度概括性，但是当它们以"高矮胖瘦"的不同形式灵活地出现在画面中时，就可以为整个场景营造一种生动自然的氛围。（如图4.2所示）

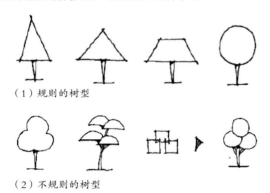

（1）规则的树型

（2）不规则的树型

图4.2 模式化的树冠形态

不论是规则的还是不规则的树冠形态，都讲究一种结构化的硬度表现，从而表现一种"自然的曲折节奏"，下笔要有力度，多用切线的方式来建构树木的骨架。当然，对于这种客观的模式化的形态不一定适用于每一个画面中，具体的应用需要绘制者"审时度势"，带着感性去理解和训练。

以下是根据几种高度概括的树型形态演变而成的具象型的乔木，无论是由简入繁，还是由繁入简都需要绘制者用心去感受。（如图4.3所示）

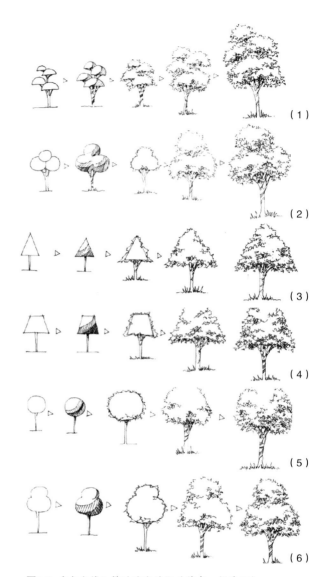

（1）

（2）

（3）

（4）

（5）

（6）

图4.3 乔木由简入繁的演变过程（作者：胡艮环）

以下是学生乔木手绘效果图的作品展示，如图4.4～4.7所示。

图4.4 乔、灌木植物的搭配组合示意（树冠形态的表现手法具有很强的设计感，这也体现了另一种风格。作者：纪小菲）

图4.5 植物单体的马克笔技法展示（简洁明快的色块绘制概括了树冠的基本形态。作者：朱亚婷）

图4.6 多种植物群植的效果展示（远处的树木从色彩和外形上都具有高度概括性，加强了整个画面的层次感。作者：纪小菲）

图4.7 乔木群体的水彩效果展示（不同明度的乔木突出了画面的景深感，同一颗树木上的明暗对比使树木变得丰满、写实，立体感增强，并使得画面具有较强的写实感。作者：朱亚婷）

除去一些较常见的树冠茂密型的乔木外，还有其他的一些树型，如棕榈树、椰树、雪松、云杉、水杉等，这些都属于塔形树，应该把握其外形特征。（如图4.8所示）

塔形树的形态比较特别，树干一般都十分笔直提拔，树冠的体积较小，在手绘表现中主要是突出它们的轮廓特征和体积感，不需要过于细致地描绘。另外，因其体形较高大，它在画面中所占的比例一般较小，往往是作为点缀的树型，通常是以高低不同的两、三株为一组

（1）

（2）

（3）

图4.8 棕榈树、椰树的表现形式示意图（作者：朱亚婷）

出现。又因为它们的遮挡面积比较大，一般出现在中景和远景上，不宜在近景出现，以免破坏画面效果。

塔形树的树冠很有特色，为了增强树冠的体积感，对叶面的形状和层次效果的把握十分重要。同时因为塔形树挺拔的身材，作为室内的装饰植物，在大型的公共室内空间中也经常用到，这是一种时代感的体现。

为了使画面中的植物具有更强的可辨识性，需要了解植物的基本品种，从而将其适当地运用在合适的空间中。但是在整个的效果表现图中，树毕竟只是配景，是为了烘托场景气氛，所以对乔木的表现应该是简练而含蓄的。只有掌握其基本的概括形态，然后加以灵活应用，才能使得画面效果更加出彩。（如图4.9～4.11所示）

图4.9 单体植物的表现形式示意图（作者：朱亚婷）

作者：朱亚婷 （1） 作者：陈博纪 （2）

作者：李银 （3） 作者：朱亚婷 （4）

图4.10 植物组合表现示意图（不同乔木、灌木的组合形式使得画面更加得丰富多彩）

图4.11 植物组合表现示意图（作为点缀的棕榈树填补了画面右边的空白。作者:朱亚婷）

4.1.2 灌 木

本部分主要是针对除去树以外的植物组群而言，他们主要是由低矮的灌木组成，在配景中是一种不很明确的内容形式，是真正意义上的点缀。其在画面中的表现十分的概括，一般运用在画面的中景和远景中，为画面营造一种郁郁葱葱的自然效果。灌木的轮廓线较随意，节奏感比较强，整体形态要有团状的效果和体积感，树干和树枝可以忽略不画。（如图4.12所示）

图4.12 灌木丛示意图（作为点缀的灌木丛用笔随意、团状的形态增强了画面的体积感。作者：钟梦琳）

下面是学生的一些习作，用不同的灌木丛形式来丰富画面效果。（如图4.13～4.14所示）

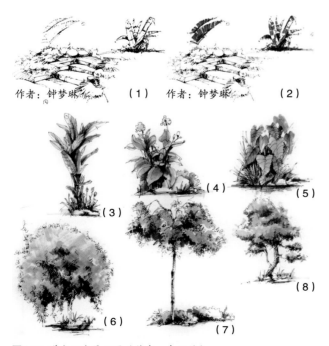

作者：钟梦琳 （1）　作者：钟梦琳 （2）

（3）　（4）　（5）

（6）　（7）　（8）

图4.13 灌木百态展示图（作者：朱亚婷）

图4.14 修剪整齐的灌木丛展示图（将整片的灌木当做一个块面来绘制，整体块感非常强烈。作者：纪小菲）

4.1.3 花 卉

花卉一般有两种种植形式，一种类似于草丛，位于画面的边角位置，为近景起装饰作用，这种表现需要细致一些，趋于写实；另外一种是种植在花坛中的花卉植物，一般被放在画面的中景部分，表现为连续的团状效果，不需要进行细致的刻画。手绘花卉植物的特色除了要进行形态的刻画外，还可以用丰富的色彩来体现，比如"万绿丛中一点红"的色彩搭配。（如图4.15～4.16所示）

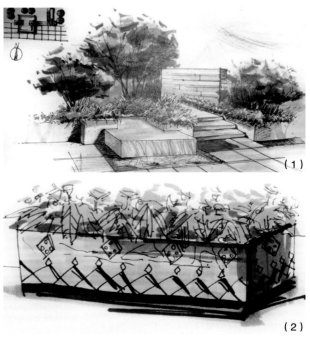

（1）

（2）

图4.15 花坛植物示意图（花坛内的花卉植物可用色彩进行点缀。作者：石坚栋）

图4.16 大片植物中的花卉点缀（位于画面中景的花坛及草品处的花卉在形态上都以团状效果概括，而在色彩上成为"茫茫绿海"中的"一叶红舟"。作者：纪小菲）

4.1.4 草 坪

草坪相较于灌木而言更加的低矮，它在画面中所占的面积很大，在手绘画面中更是衬托乔木、灌木、花卉等的角色，同时也是烘托整体环境气氛的要素。它也有独特的表现形式。

如果草地占据比较大的面积，我们可以使用简单统一的笔触形式将草地大体覆盖，在覆盖时要讲求线条的疏密远近及过渡变化效果，近处还要特意地带有一些省略效果。这种草地的画法没有给着色留过多余地，比较适合黑白形式的手绘表现，为了与其相协调，保证画面效果统一和对周围景物的表现也应该带有丰富的笔触效果。（如图4.17、4.18所示）

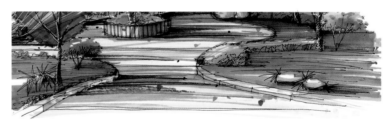

图4.17 草坪展示图（用统一的笔触绘制大面积的草坪，手法简单而有效。作者：纪小菲）

图4.18 草坪展示图（画面右边的草坪笔触简练，在近处适当留白，给人一种透气感。作者：纪小菲）

4.1.5　植物组合

下面以几组学生的作品来展现植物组合形式的表现手法，如图4.19～4.21所示。

图4.19　乔木、灌木、草坪、花卉的植物组合方式示意（表现手法简单、概括，以色彩的对比效果来提亮整个画面。作者：纪小菲）

图4.20　植物组合示意图（作为远景的灌木和乔木只勾勒了轮廓线，进行了大块面的色彩平涂，使得画面的景深感增强。作者：纪小菲）

（1）

（2）

图4.21　植物组合效果图展示（作者：朱亚婷）

4.2 人物配景的表现

人在画面中是有生命力的物体，在画面中应该处于一个动态的位置，因此在对其进行绘制时一定要抓住其动态特征进行描绘，以增强画面的生动感。同时应注意的是，在手绘表现图中，人是衡量空间的尺度标准，在开始绘制透视时，都是以人为基准比例来进行其他物体的比例绘制，因此人在配景中的重要性不言而喻。

但因为手绘表现图讲求设计感，所以在人的绘制时，应抓住其主要形态和动作加以刻画，其手法大都比较概括。但越概括越考验绘图者对于形体的整体把握程度，因此一种轮廓表现效果的方式在手绘中比较突出。这种表现方式的身体刻画非常简洁，有点像"口袋"。这在快速表现中比较实用，主要配合环境气氛的表达，而不强调真实性刻画。（如图4.22所示）

图4.22　"口袋式"人物的表现方法（作者：朱亚婷）

当然也有比较写实的表现方法，这个就要遵循基本的比例：一般来说男为七个半头，女为六个半。在着装上，男人身着西装、夹克，女人穿裙子，还要注意服饰不要过分复杂和繁琐，这样的画面效果会比较生动。对于人的动态要概括、简练，不宜变化过大，一般都采用站、行、坐几种，还要体现正图、侧面以及半侧面的不同形式，这样才会显得生动自然，过于夸张的姿势除非特殊需要，一般不予以绘制。

在画人物时还需要注意，一般不要将人布置在近景，主要原因一是不易表现，再者也会破坏画面效果。画人物时一般只要画出男、女、大人和小孩即可。人物的透视在手绘表现中一般是不必考虑的，特别是在大体量的空间

环境和建筑环境中，因为人的尺度较小，主要的透视只是表现在人在不同空间位置的远近变化关系，也就是近大远小的程度。（如图4.23所示）

图4.23　不同人物的表现方法（作者：钟梦琳）

4.3 水体配景的表现

水是设计中一个重要的角色，景因水而活。水具有亲和、自然、浪漫的感觉，在城市环境设计中以水为主题的设计形式非常多样，甚至水都不再只是一个配景的角色。

当然，在设计效果图中，水体的样式、面积等因素是根据设计方案来进行的，因此通常是以几种特定的情境出现。下面我们现在来分析一下水的几种不同的表现形态。

4.2.1 水 面

画大面积的水面，关键是要注意周围的环境。根据环境画出天空、建筑、植物等的倒影效果，水中的倒影是通过一种折线形式的笔法表现，就像荡漾的水波，表现倒影效果要注意上紧下松，收尾处要含蓄自然。倒影不能画得过密，更不能过于近似、均衡。采用折线的形式就是为了突出水岸的效果，以此来衬托水面，所以水面的部分大多都是空白不画的。而对于岸边的倒影，则突出反映所倒映物体的概括性效果，注意适当反映即可，不需要把细节全部画出。而且只把离水岸近的景物倒影画出来即可，远的则可以忽略不计。（如图4.24所示）

（2）河水表面表现效果（蜿蜒曲折，作者：史娟）

（3）镜面水面表现效果（在河岸处多用重笔表现岸边物体的倒影。作者：朱亚婷）

（1）自然水体表现效果图（蜿蜒曲折，作者：史娟）

（4）镜面水面表现效果（多用横笔笔触表现。作者：朱亚婷）
图4.24 水面的几种不同表现方法

4.2.2　跌　水

跌水是指规则形态的落水景观，多与建筑、景墙、挡土墙等结合表现。跌水表现了水的坠落之美，更具形式美和工艺美，其规则整齐的形态，比较适合于简洁明快的现代园林和城市环境。表现跌水效果通常是在水体部分预先留出空白的位置，而后用笔触添加自然的水流缝隙。在用钢笔时可用长短不一的笔触排列来表现水流的效果，注意下笔要少量并且快速，线条则要纤细。上色之后，可用白色的修改液作为局部的提亮或者是水花溅起来的效果表现。（如图4.25～4.28所示）

图4.25　钢笔稿的瀑布场景（用少量的线条来表现水流的效果。作者：钟梦琳）

图4.26　瀑布的色稿表现（水体部分大面积的留白。作者：钟梦琳）

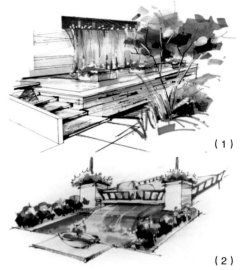

（1）

（2）

（3）

图4.27　特色雕塑喷泉效果（画面右侧的跌水景观运用简单的留白和线型笔触效果来展现跌水的魅力。作者：纪小菲）

（4）

图4.28　各种不同跌水的表现形式示意（除了预先的留白效果外，还可以用修改液或白色水粉来提亮水面形成飞溅的水花。作者：史娟）

4.2.3 喷泉

喷泉景观大概可以概括为两大类：一种是因地制宜，根据现场地形结构，仿照天然水景制作而成；一种是靠喷泉设备人工造景。

喷泉景观在表现形式上可以分为两种：

一种是喷射的效果，喷出来的水柱是呈抛物线的效果。要达到这种效果需要预先留出空白，然后用笔在边缘处加以强调。另外，还可以在最后用橡皮擦、白色水粉、修改液等工具修出其形态，突出水柱的体积感。（如图4.29、4.30所示）

另一种是喷涌的效果，也就是涌泉。它出水的状态不如喷射那么激烈，强调的是自然效果，突出的是"涌"的状态。最好事先用铅笔勾勒出它的大体形态，线条用圆润的曲线形式表现。左右的水花应形态各异，水面则涌动起伏，但不要过分夸张，否则会影响水柱的整体形态。（如图4.31、4.32所示）

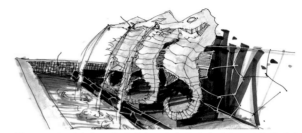

图4.29 小型喷泉示意图（在预先留白的基础上，用简单的线条勾勒出大体形态，形成喷射效果。作者：纪小菲）

图4.30 喷泉表现效果展示（作者：纪小菲）

作者：史娟 （1）

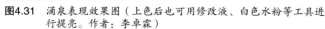

（2）

图4.31 涌泉表现效果图（上色后也可用修改液、白色水粉等工具进行提亮。作者：李卓霖）

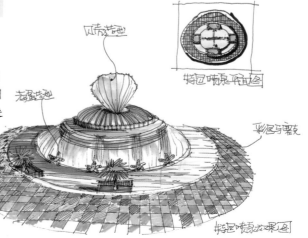

图4.32 涌泉表现效果展示（预先留白，简单的笔触勾勒。作者：纪小菲）

4.4 山石组合配景的表现

石是园林构景的重要素材，其种类很多。中国园林常用的石头有太湖石、黄石、青石、石笋、花岗石等，不同的石材质感、色泽、纹理、形态等都不一样，因此，画法也各有特点。

山石表现要根据结构纹理特点进行描绘，通过勾勒其轮廓把黑、白、灰三个层面表现出来，这样石头就有了立体感。不可把轮廓线勾画得太死，注意用笔力度，使之"抑扬顿挫"。中国画讲求的"石分三画"和"皴"等，都可以很好地表现山石的立体感。不同山石的形态、纹理表现时最好参照相关的参考资料。石头一般不会独立出现，都是以一个组群出现，要注意与周边物体大小的配置比例。（如图4.33、4.34所示）

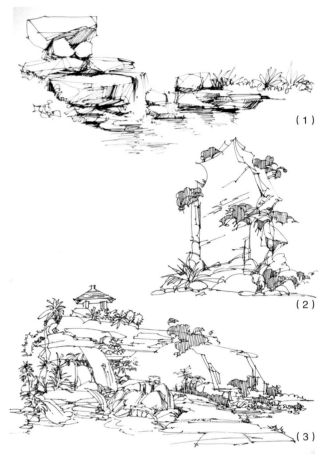

（1）

（2）

（3）

图4.33 山石效果的钢笔稿（钢笔勾勒的山石线条，清晰地表现出石头的结构关系，用笔利落干脆。作者：钟梦琳）

图4.34 石景效果图（石材只简单地勾勒出黑白灰的明暗关系，用周边的景物来衬托山石的颜色。作者：刘进）

4.5 建筑、景观小品配景的表现

建筑、景观小品一般是指体形精巧、功能明确、造型别致、富有情趣的精美建筑景观构筑物。其所包含的内容十分丰富,在建筑和园林中起点缀环境、活跃景色、烘托气氛、加深意境的作用。下面来欣赏一组不同类别的建筑、景观小品作品展示。

4.5.1 景墙、休闲座椅

景墙、休闲座椅作品展示,如图4.35～4.37所示。

图4.35 廊架、座椅的效果表现图(作者:朱亚婷)

图4.36 景墙效果图(景墙以简单的笔触及色彩来诠释,背后的植物成为了烘托主体景墙的"功臣"。作者:刘进)

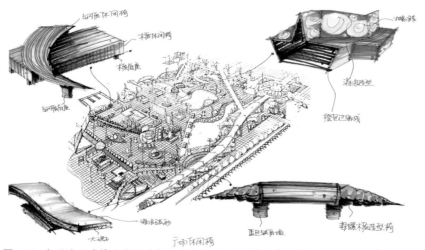

图4.37 各种休闲座椅示意图(城市广场中不同的座椅形式和材质,用不同的表现手法绘制,呈现不同的肌理效果。作者:纪小菲)

4.5.2　花架、花坛

花架、花坛作品展示，如图4.38所示。

4.5.3　路灯、雕塑小品

路灯、雕塑小品作品展示，如图4.39、4.40所示。

（1）作者：朱亚婷　　　　（2）作者：朱亚婷

（3）作者：李卓霖　　　　（4）作者：朱亚婷

图4.38　不同形式的花坛、花架效果表现

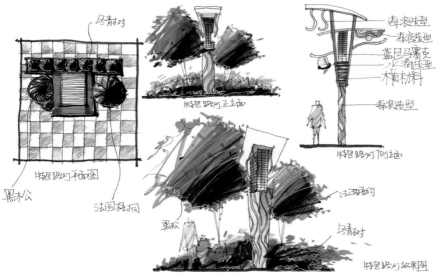

图4.39　路灯不同视角的效果表现（作者：纪小菲）

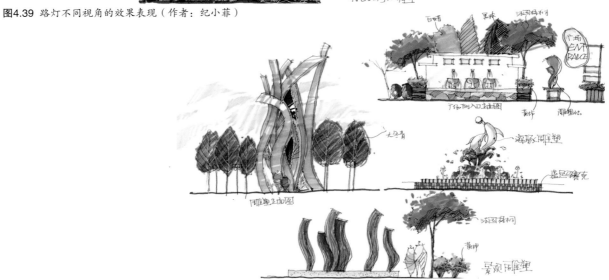

图4.40　不同形式的雕塑效果表现（作者：纪小菲）

4.6 室内陈设小品配景的表现

室内陈设小品主要是指挂在墙壁上的饰物，如钟表、书画、壁毯、相框等；案头摆设的如花瓶、古董、鱼缸、水杯、台灯、植物等；落地灯、床上的织物、桌布、地毯，甚至书架上的书，这些都可称为室内陈设小品。它们都显示着设计的情趣，在渲染室内环境方面起画龙点睛的作用。具体处理时应注意简单明了，着笔不多却能体现其质感和韵味，因而学生要在静物写生基本功练习的基础上，强调概括表现的能力。（如图4.41所示）

（1）各种室内陈设小品示意（作者：杨博）

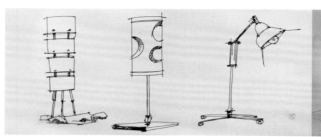

（2）各种灯具示意（作者：李卓霖）

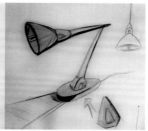

（3）室内小景示意（作者：钟梦琳）

（4）各种室内陈设家具示意（作者：史娟）

图4.41 不同种类的室内陈设小品效果表现

（5）各种室内陈设花卉示意（作者：李卓霖）

4.7 其他配景的表现

其他配景如天空，经常呈渐变的颜色，地平线附近的颜色较浅，越到天顶越显得蓝，适当勾画一下云朵的感觉即可。在表现时通常利用彩铅做简单勾画，不需太深入，稍作交代即可。

当然还有其他的配景形式，下面以一组图片进行说明。（如图4.42所示）

（1）坦克钢笔稿示意图（作者：李卓霖）

（2）雕塑小品和小型景观灯示意图（作者：李卓霖）

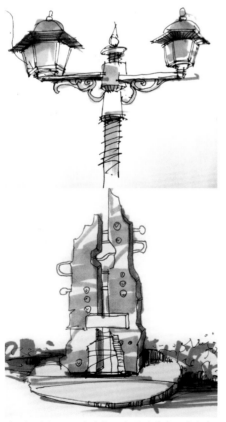

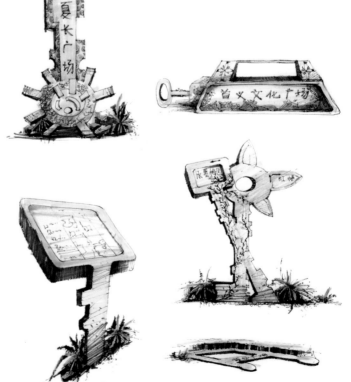

（3）路灯和小型雕塑示意图（作者：史娟）　（4）雕塑小品示意图（作者：史娟）

图4.42 其他配景形式的效果表现

第5章

手绘表现的主要分类

5.1 建筑效果图的表现

建筑手绘效果图表现在不同的时期有不同的称谓，如设计渲染图、建筑表现等。早在文艺复兴时期，画家和建筑师就把设计与表现融为一体，如达·芬奇、米开朗基罗，他们既是建筑师、工程师又是画家、雕塑家，都曾用素描的方式设计表现过宏伟的圣彼得大教堂。在建筑教育的始祖布扎的理论中，建筑师要接受大量的渲染训练，使头脑中形成丰富的形象思维，并开启大脑的设计意识，所以手绘建筑效果图的训练至关重要。

以下是一些建筑手绘效果图示范，如图5.1~5.13所示。

图5.1 学生作品：可传新（指导老师：罗维安）

图5.2 学生作品：可传新（指导老师：罗维安）

图5.3 学生作品：可传新（指导老师：罗维安）

图5.4 学生作品：可传新（指导老师：罗维安）

图5.5 学生作品：可传新（指导老师：罗维安）

图5.6　学生作品：周艳萍（指导老师：罗维安）

图5.7　学生作品：周艳萍（指导老师：罗维安）

图5.8 学生作品：周艳萍（指导老师：罗维安）

图5.9 学生作品：周艳萍（指导老师：罗维安）

图5.10 学生作品：梁俊全（指导老师：罗维安）

图5.11 学生作品：周艳萍（指导老师：罗维安）

图5.12 学生作品：周艳萍（指导老师：罗维安）

图5.13 学生作品：周艳萍（指导老师：罗维安）

5.2 室内环境效果图的表现

　　建筑室内环境效果图表现就是对建筑空间环境进行艺术氛围的营造，它与时代的发展、人们的生活品位息息相关，也备受室内设计师的关注，逐渐成为现代环境设计的重要内容之一。手绘室内环境效果图的表现也是室内设计的主要环节，它通过形象化的语言表述了设计师的创意构思、空间塑造和材料工艺等概念。同时它也是与业主沟通的桥梁，展现出室内设计师的艺术修养和表现水准。

　　如图5.14~5.35为室内环境效果图。

图5.14 学生作品：可传新（指导老师：罗维安）

图5.15 学生作品：可传新（指导老师：罗维安）

图5.16 学生作品：李上春（指导老师：罗维安）

图5.17 学生作品：可传新（指导老师：罗维安）

图5.18 学生作品：可传新（指导老师：罗维安）

图5.19 学生作品：可传新（指导老师：罗维安）

图5.20 学生作品：可传新（指导老师：罗维安）

图5.21　学生作品：李卓霖（指导老师：罗维安）

图5.22　学生作品：李卓霖（指导老师：罗维安）

图5.23 学生作品：阎骏（指导老师：罗维安）

图5.24 学生作品：阎骏（指导老师：罗维安）

图5.25　学生作品：阎骏（指导老师：罗维安）

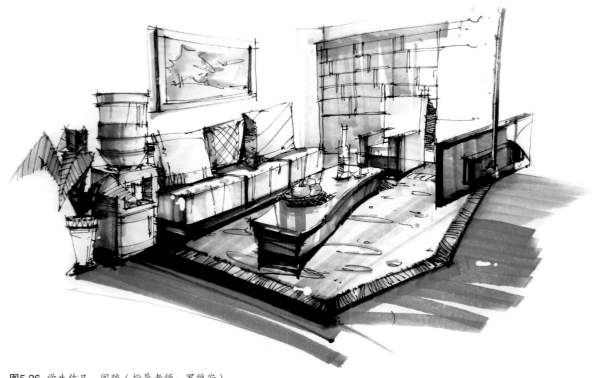

图5.26　学生作品：阎骏（指导老师：罗维安）

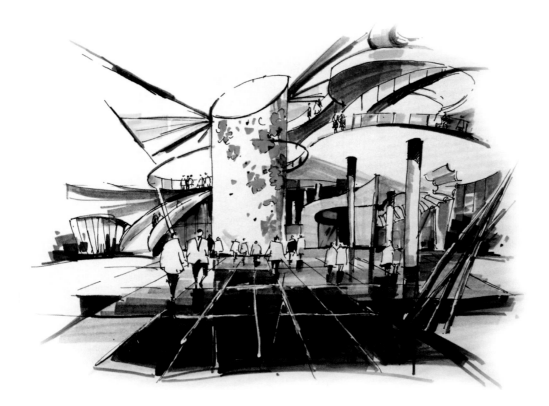

图5.27 学生作品：周艳萍（指导老师：罗维安）

图5.28 学生作品：周艳萍（指导老师：罗维安）

图5.29 学生作品：杜尧（指导老师：罗维安）

图5.30 学生作品：梁俊全（指导老师：罗维安）

图5.31 学生作品：周艳萍（指导老师：罗维安）

图5.32 学生作品：周艳萍（指导老师：罗维安）

图5.33 学生作品：周艳萍（指导老师：罗维安）

图5.34 学生作品：周艳萍（指导老师：罗维安）

图5.35 学生作品：周艳萍（指导老师：罗维安）

5.3 景观环境效果图的表现

　　手绘景观环境效果图表现是景观设计师的艺术素养与表现技巧的综合体现，是对园林景观、园林景观配景、建筑景观的快速表现，是设计师对景观环境效果的设计意图和构思进行形象化再现的形式。手绘景观环境效果图要求设计师必须具有建筑学、植物学、美学、文学等相关领域的专业知识，并能对自然环境进行有意识改造的思考、筹划。同时手绘景观环境效果图也能体现出设计者自身的艺术魅力和感染力，并向人们传达设计的思想、理念及情感。

　　景观环境效果图的表现如图5.36～图5.57所示。

图5.36 学生作品：李上春（指导老师：罗维安）

图5.37 学生作品：李上春（指导老师：罗维安）

图5.38 学生作品：李上春（指导老师：罗维安）

图5.39 学生作品：李上春（指导老师：罗维安）

图5.40 学生作品：李上春（指导老师：罗维安）

图5.41 学生作品：李上春（指导老师：罗维安）

图5.42 学生作品：李上春（指导老师：罗维安）

图5.43 学生作品：李上春（指导老师：罗维安）

图5.44 学生作品：杜尧作（指导老师：罗维安）

图5.45 学生作品：杜尧杜尧（指导老师：罗维安）

图5.46 学生作品：杜尧（指导老师：罗维安）

图5.47 学生作品：杜尧（指导老师：罗维安）

图5.48 学生作品：可传新（指导老师：罗维安）

图5.49 学生作品：杜尧（指导老师：罗维安）

图5.50 学生作品：杜尧（指导老师：罗维安）

图5.51 学生作品：阎骏 作（指导老师：罗维安）

图5.52 学生作品：杜尧（指导老师：罗维安）

图5.53 学生作品：杜尧（指导老师：罗维安）

图5.54 学生作品：杜尧（指导老师：罗维安）

图5.55 学生作品：周艳萍（指导老师：罗维安）

图5.56 学生作品：周艳萍（指导老师：罗维安）

图5.57 学生作品：周艳萍（指导老师：罗维安）

5.4 工业产品效果图的表现

　　在手绘工业产品效果图表现中，无论是现实的构思还是未来的设想，都是设计师利用效果图来对某件产品进行展现，它需要设计师通过设计效果图的形式，将抽象的创意转化为具象的视觉媒介，表达出设计的意图。

　　工业产品效果图的表现见图5.58~图5.74。

图5.60　学生作品：李上春（指导老师：罗维安）

图5.58　学生作品：李上春（指导老师：罗维安）

图5.61　学生作品：李上春（指导老师：罗维安）

图5.59　学生作品：李上春（指导老师：罗维安）

图5.62　学生作品：李上春（指导老师：罗维安）

图5.63 学生作品：李上春（指导老师：罗维安）

图5.66 学生作品：李上春（指导老师：罗维安）

图5.64 学生作品：李上春（指导老师：罗维安）

图5.67 学生作品：李上春（指导老师：罗维安）

图5.65 学生作品：李上春（指导老师：罗维安）

图5.71 学生作品：梁俊全（指导老师：罗维安）

图5.68 学生作品：梁俊全（指导老师：罗维安）

图5.72 学生作品：梁俊全（指导老师：罗维安）

图5.69 学生作品：梁俊全（指导老师：罗维安）

图5.73 学生作品：梁俊全（指导老师：罗维安）

图5.70 学生作品：梁俊全（指导老师：罗维安）

图5.74 学生作品：梁俊全（指导老师：罗维安）

参 考 文 献

[1] 冯信群. 表现技法[M]. 南昌：江西美术出版社，2007.

[2] 赵国斌. 手绘效果图表现技法——景观设计[M]. 福州：福建美术出版社，2006.

[3] 陈六汀，梁梅. 景观艺术设计[M]. 北京：中国纺织出版社，2004.

[4] 钟训正. 建筑画环境表现与技法[M]. 北京：中国建筑工业出版社，2005.

[5] 张汉平，种付彬，沙沛. 设计与表达——麦克笔效果图表现技法[M]. 北京：中国计划出版社，2004.